PLANETA ANIMAL

LA CIGÜEÑA

POR KATE RIGGS

CREATIVE EDUCATION • CREATIVE PAPERBACKS

Publicado por Creative Education
y Creative Paperbacks
P.O. Box 227, Mankato, Minnesota 56002
Creative Education y Creative Paperbacks son marcas editoriales de The Creative Company
www.thecreativecompany.us

Diseño de The Design Lab
Producción de Rachel Klimpel
Dirección de arte de Rita Marshall
Traducción de TRAVOD, www.travod.com

Fotografías de Alamy (The Africa Image Library, Cultura Creative RF, Michele Falzone, Richard Garvey-Williams, Honzik7, robertharding, Stu Porter), Dreamstime (Volodymyr Byrdya, Akarat Duangkhong, Isselee, Gsrethees, Wrangel), Getty (Laura M. Vear, Peter Schoeman/EyeEm), iStock (GlobalP), Superstock (Tier und Naturfotografie/Tier und Naturfotografie)

Library of Congress Cataloging-in-Publication Data
Names: Riggs, Kate, author.
Title: La cigüeña / by Kate Riggs.
Other titles: Storks. Spanish
Description: Mankato, Minnesota : Creative Education and Creative Paperbacks, [2023] | Series: Planeta Animal | Includes bibliographical references and index. | Audience: Ages 6-9 | Audience: Grades 2-3 | Summary: "Elementary-aged readers will discover that storks have an extra eyelid. Full color images and clear explanations highlight the habitat, diet, and lifestyle of these fascinating birds."-- Provided by publisher.
Identifiers: LCCN 2022015819 (print) | LCCN 2022015820 (ebook) | ISBN 9781640266988 (library binding) | ISBN 9781682772546 (paperback) | ISBN 9781640008397 (ebook) Subjects: LCSH: Storks--Juvenile literature.
Classification: LCC QL696.C535 R54518 2023 (print) | LCC QL696.C535 (ebook) | DDC 598.3/4--dc23/eng/20220413 LC record available at https://lccn.loc.gov/2022015819LC ebook record available at https://lccn.loc.gov/2022015820

Tabla de contenido

Cigüeña blanca (izquierda); cigüeña de pico amarillo (derecha)

La cigüeña es un ave de patas largas. **Vadea** por el agua y entre pastos altos. Hay 19 tipos de cigüeñas en el mundo. Vive en muchas islas y en todos los **continentes**, excepto en la Antártida.

continentes las siete grandes extensiones de tierra del planeta

vadear andar despacio por el agua

De la cara de la cigüeña sobresale un pico. Algunos picos son largos y curvos. Otras cigüeñas tienen picos más cortos y planos.

Picotenaza africano (izquierda); marabú africano (arriba)

La pequeña cigüeña de Abdim (izquierda); el gran marabú (derecha)

Las cigüeñas son aves grandes. La cigüeña de Abdim es la **especie** más pequeña. Es 10 veces más pequeña que el marabú. El marabú es la cigüeña más grande. Mide unos 5 pies (1,5 m) de alto y pesa 20 libras (9,1 kg).

especie grupo de animales similares (o con parentesco cercano)

La mayoría de las cigüeñas viven cerca del agua. Comúnmente, se encuentran en arroyos y estanques. Caminan cuidadosamente por los pantanos. Algunas cigüeñas viven en pastizales o bosques más secos.

El tántalo indio vadea por los humedales en busca de comida.

El jabirú africano se alimenta de peces, además de ranas y cangrejos.

La cigüeña sujeta la comida con su pico. Come ranas, peces, **insectos** y gusanos. Algunas cigüeñas pueden comer caracoles y almejas. Usan sus picos para abrir las conchas. La cigüeña no tiene dientes. Usa su pico para desgarrar la comida.

insectos animales pequeños con el cuerpo dividido en tres partes y que tienen seis patas

Hasta 25 tántalos americanos pueden tener sus nidos en un mismo árbol.

La hembra pone entre dos y seis huevos. La madre y el padre mantienen los huevos calientes hasta que **eclosionan.** Los **polluelos** primero tienen plumas esponjosas llamadas plumón. Después, les crecen nuevas plumas y empiezan a volar. Abandonan el nido cuando tienen unos dos meses de edad.

eclosionar cuando el huevo se rompe para que nazca la cría

polluelos cigüeñas bebés

La cigüeña blanca vive en lugares cerca de la gente.

El tántalo americano puede vivir hasta 18 años en la naturaleza. La cigüeña blanca puede vivir entre 25 y 30 años. Las cigüeñas jóvenes deben cuidarse de los **depredadores**, pero las adultas no tienen tantas amenazas.

depredadores animales que matan y se comen a otros animales

Un párpado interno transparente mantiene limpio el ojo de la cigüeña.

La cigüeña tiene una vista excelente. Puede detectar a la **presa** cuando se mueve. Gruñen y sisean para comunicarse entre sí. A veces, hacen un ruido con el pico. Les avisan a otras cuando están enojadas o asustadas.

presa animal que otros animales matan y comen

La gente que vive en el sur de Estados Unidos puede ver a los tántalos americanos. ¡Observa en silencio cómo estas enormes aves blancas se desplazan por el agua!

El tántalo americano no es la única cigüeña que tiene sus bebés en Norteamérica.

Un cuento del cigüeña

El marabú tiene una cabeza sin plumas. En África, la gente contaba una historia sobre esto. Una vez, la hiena tenía un hueso atorado en la garganta. ¡Se estaba ahogando y necesitaba ayuda! El marabú metió la cabeza en la boca de la hiena. Cuando este agarró el hueso con su pico, ¡la hiena cerró sus mandíbulas! El marabú logró sacar la cabeza, pero todas sus plumas se quedaron en la garganta de la hiena. Esas plumas le hacen cosquillas a la hiena. Por eso, las hienas suenan como si se estuvieran riendo y los marabúes son calvos.

Índice